AF596049

NOUVEAU RECUEIL

DE

PRÉDICTIONS.

NOTE DE L'ÉDITEUR.

Je crois devoir prévenir que j'ai fait imprimer toutes les prédictions qui présentent un caractère d'authenticité, et que l'on doit se défier de celles qu'on se plaît à répandre, qui, pour la plupart, sont, selon moi, distribuées et peut-être fabriquées avec des intentions perfides.

NOUVEAU RECUEIL

DE

PRÉDICTIONS.

PARIS,

LIBRAIRIE CATHOLIQUE D'ÉD. BRICON,

RUE DU VIEUX COLOMBIER, N. 19.

NOVEMBRE 1830.

PRÉFACE.

Mon intention, comme je l'ai dit dans la préface du premier Recueil de prédictions que j'ai fait imprimer, n'étoit pas de donner des prédictions manuscrites. Il me sembloit qu'il y avoit dans la plupart de celles-ci, qui déjà se trouvent en beaucoup de mains, un caractère effrayant qui, sans ramener les méchants, donneroit aux fidèles des craintes peut-être exagérées, qui n'ajouteroient rien à leur piété. Cependant le désir de connoître, ce besoin inné dans l'homme et qui ne finit qu'avec lui, m'attira grand nombre de visites, qui toutes se terminoient par cette prière : *Imprimez, imprimez donc les prédictions manuscrites que vous possédez !* Jusque-là il me fut facile de résister; mais bientôt je reçus d'un ecclésiastique fort instruit la lettre suivante :

« J'ai lu votre Recueil; je connoissois, à l'exception d'une, toutes les pièces qu'il contient. Celles que j'ai en mains ne vous deviendroient plus utiles, du moment où vous ne vous chargez que de ce qui est déjà connu. J'attendrai l'exemplaire de votre deuxième édition pour voir si vous aurez changé d'avis. Mais si vous procédez ainsi, je crois que ce sera un ouvrage à refaire; car si le Seigneur communique des lumières à quelques âmes privilégiées, n'est-ce pas pour la consolation et l'instruction de tous? Et ne suffit-il pas que des traits de ces prédictions manuscrites viennent concorder avec les autres, pour en recevoir un certain caractère d'authenticité, dès lors qu'on peut acquérir la certitude qu'il n'y a pas eu connivence? Au reste, y a-t-il quelque responsabilité à en prévenir le public comme vous l'avez fait, et à les donner pour l'importance que chacun voudra y attacher? Les réclamations que vous recevriez de tous côtés, en cas d'imposture, seroient autant de jets de lumière sur celles qui soutiendroient l'épreuve.

» Les réticences à l'égard des révélations de Martin et du prince H. sont un peu pénibles, puisqu'elles préserveroient peut-être, par leur publication, bon nombre d'âmes en cas de malheur. »

Beaucoup d'autres lettres de ce genre me furent adressées; j'en reçus anonymes, dont une datée de Vendôme, renfermant des réflexions fort sages, qui ont beaucoup contribué à me démettre de ma première détermination, et que mes lecteurs ne seront sans doute pas fâchés de trouver ici.

« J'ai lu, Monsieur, le Recueil de prédictions que vous venez de rendre public, avec d'autant plus d'intérêt que je les connoissois déjà, et que, pour parler plus juste, je les ai toutes manuscrites; il en est une dont vous ne nous donnez que la fin. Les points que vous avez mis entre quelques phrases, m'avaient fait juger avec raison que vous aviez supprimé beaucoup de choses que vous ne croyez pas convenable de faire connoître aujourd'hui. Cette prédiction, sous le titre de *Visions prophétiques*, est beaucoup plus étendue; j'en ai chez moi le commencement qui, autant que je puis me rappeler, date aussi de 1815, mais qui contient beaucoup de choses supprimées dans votre Recueil. J'ai de plus ici la suite, qui date du dimanche qui précéda la Toussaint 1818, et une autre du jour des Rois 1820. Si vous ne les avez pas, Monsieur, et que vous les désiriez, quoique je n'aie pas l'avantage de vous connoître, je me ferai un plaisir de vous les faire passer par la même personne qui vous remettra ma lettre.

» La sagesse de votre préface m'a enchantée : assurément ces prédictions ne sont pas des articles de foi; mais aussi n'est-il pas possible que Dieu, dans sa miséricorde, ne donne aux siens des avertissements pour les préserver des malheurs qui nous menacent, comme autrefois il en donna, lorsque Rome fut détruite, à de saintes femmes qui vendirent leurs biens, et, après en avoir distribué le prix aux pauvres, quittèrent cette ville proscrite. De même qu'il y auroit de la folie à croire sans examen à toute personne qui se dit inspirée, de même aussi il y auroit de l'obstination à se refuser à l'évidence, lorsque les faits parlent. Du moins, ne doit-on pas se permettre de porter un jugement qui n'appartient qu'à l'autorité ecclésiastique. »

Les motifs exprimés dans ces lettres m'ont déterminé à publier ce nouveau Recueil composé, une partie, de pièces déjà imprimées, et l'autre, de pièces manuscrites. Les personnes qui ont blâmé le premier Recueil ne manqueront pas de jeter les hauts-cris à la vue de celui-ci. Elles se *moqueront*, pour me servir de leurs propres expressions, et des prophètes et des stupides qui peuvent croire à ces visions de cerveaux en délire. Leur conduite à cet égard n'est peut-être pas irréprochable; cependant on n'a pas plus le droit de se plaindre de l'obstination qu'ils montrent dans leur incrédulité, qu'ils n'ont celui de blâmer la facilité avec laquelle d'autres peuvent fixer leur croyance. Mais je dois à la vérité de dire (depuis trois mois j'ai pu facilement m'en convaincre), que les incrédules en prédictions ressemblent beaucoup aux incrédules en religion. Ils blâment sans connoître, et n'ont aucun désir de chercher la vérité : à quelques exceptions près, les ennemis des prédictions sont les ennemis de la foi catholique. Et ces âmes *ignorantes* qui croient si facilement, ah ! j'ai pu le remarquer aussi ! presque toujours leurs intentions sont pures, leurs cœurs sont droits, leur vie est innocente ; la candeur est dans tous leurs actes : ils sont humbles dans leur foi, grands dans leur charité, et, j'ose le dire, en se moquant d'eux, on se moque de ce que la terre a de plus beau, de ce que la Religion a de plus saint : ce sont ces âmes ignorantes, ce sont ces *pauvres d'esprit* qui peupleront le ciel !

Novembre 1830.

E. BRICON.

RECUEIL
DE PRÉDICTIONS.

EXTRAITS DE LETTRES ÉCRITES

EN L'AN 1817

A M... PAR M..., CURÉ DU DIOCÈSE DE LYON,

Trouvées après la mort de M. Cavayon, vicaire-général d'Alby, dans des papiers laissés en dépôt à un ami.

3 JANVIER.

Voici, mon cher ami, ce que je me crois obligé de vous dire. Je le tiens d'une personne qui ne vous connoît pas, mais qui vous a dépeint d'une manière si frappante, que je ne puis vous méconnoître.

Nous touchons de près à une secousse violente. Ce sera comme un torrent d'impiété qui menacera de ravager la France entière. La rage et la fureur des impies ne se porteront pas directement contre les prêtres, mais contre Jésus-Christ lui-même; on attaquera sa divinité pour détruire presque la racine de la Religion, surtout le sacrement de son amour pour nous. Dans ce combat si violent, vous êtes désigné comme étant la digue qui doit arrêter, dans votre pays et aux environs, ce torrent destructeur.... Vous devez, avec tous les bons prêtres qui se dévoueront à la défense de Jésus-Christ, vous renfermer dans le sacré cœur de Jésus, étroitement enveloppé du *manteau* dont Jésus fut couvert dans la Passion; *manteau* que nous ne devons jamais quitter, non plus que cette *épine* de la couronne que Jésus mettra *sur votre cœur*. Dans le cœur de *Jésus*, vous dormirez tranquillement : vous y trouverez lumière, feu, onction, tout ce qui sera nécessaire..... Nous serons environnés de gens qui se diront nos amis; et par prudence et fausse politique, ils nous engageront à nous retirer et à nous mettre à l'abri. Gardons-nous de les écouter : suivons l'esprit et l'amour que Jésus nous inspirera; tenons ferme à notre poste, et nous surmonterons tous les obstacles et toutes les contrariétés; ne craignons ni la rage, ni la multitude des impies; n'ayons aucune considération ni pour la dignité, ni pour le sexe de ceux qui se rangeront du côté des impies. Les traits que la malice et la fureur de ceux-ci lanceront contre nous couvriront le *manteau* dont nous serons enveloppés, *comme les plumes couvrent l'oiseau;* mais ils ne nous atteindront pas.

Malheureux seront les pasteurs négligents qui laisseront traîner ce *manteau*, et qui ne se couvriront pas entièrement de ce bouclier puissant : ils seront exposés à tous les traits des méchants; leur troupeau, n'étant pas soutenu par leurs soins, couvert et protégé par ce *manteau*, éprouvera d'affreux ravages. A la vérité, les bons pasteurs auront beaucoup de travaux et de sollicitudes; mais ils auront aussi beaucoup de force et de consolation. Ils étendront entre leur peuple et les impies le *manteau* dont ils seront revêtus; et ce *manteau* sera comme une muraille impénétrable qui garantira le troupeau des traits empoisonnés des méchants...... Encore une fois, malheur aux pasteurs négligents qui laisseront couler le torrent! Ils humilieront et affligeront le cœur de Jésus; ils seront couverts d'opprobres et de remords; le chagrin le plus cuisant leur fera sentir vivement la faute qu'ils auront faite de n'avoir point rempli leurs devoirs.

Il y aura malheureusement des diocèses où les autorités ecclésiastiques seront foibles. Il faut que les bons pasteurs, toujours en conservant le respect et la soumission dus aux supérieurs, fassent tous leurs efforts pour combattre l'impiété et s'opposer au torrent. Pour cela, vigilance, prières et confiance.

Les impies jèteront feu et flamme contre les zélés défenseurs de Jésus-Christ; mais lors même que ceux-ci enverroient une foule s'avancer contre eux....., qu'ils ne craignent ni les combats, ni les menaces; qu'ils fassent marcher le troupeau fidèle devant eux. Malheur à ceux qui refuseront et reculeront en arrière!... Le grand moyen, l'unique moyen, oui, le seul et puissant moyen dont nous devons nous servir pour arrêter le torrent et combattre les impies, c'est la *dévotion au cœur de Jésus*, c'est d'étendre et d'inspirer cette dévotion à tous ceux qui nous seront confiés; c'est de ne pas nous contenter des preuves de la seule théologie; mais c'est surtout de puiser nos arguments dans le cœur de Jésus, et de les tremper dans l'onction et le feu de son amour..... C'est là notre arsenal : nous y trouverons des armes si puissantes, si pénétrantes, que les impies en seront eux-mêmes étonnés et ébranlés.

La punition des méchants suivra de près leurs efforts; elle sera terrible, elle sera affreuse, elle sera visible contre les chefs et contre les principaux agents de l'impiété, mais tellement visible et tellement affreuse que les impies eux-mêmes seront forcés de reconnaître que la main de Dieu les poursuit.

Les progrès de l'impiété, selon les apparences, ne seront pas de longue durée; cela dépendra du plus ou du moins de zèle des pasteurs dont les exemples et les instructions doivent être comme des éclairs lumineux, souvent répétés.... Ils foudroieront l'impiété, confondront son orgueil, la jèteront, la rouleront dans la poussière, en se riant de sa rage et de sa fureur impuissante. A cette secousse terrible succèderont le calme et la Religion : on se réunira à Jésus-Christ; on confessera sa divinité et son amour pour nous dans le sacrement de l'Eucharistie.

..... La preuve que tout ce qu'on dit n'est point illusion, c'est le sentiment qu'éprouveront vos amis et les fidèles en lisant cet écrit, sentiment intérieur qui les animera d'un grand zèle pour défendre Jésus-Christ.

2 JUIN.

...... O mon ami! si vous entendiez avec quelles expressions Jésus-Christ demande un prompt secours de la part de ses ministres, de ses vierges et de ses fidèles, vous en seriez attendri jusqu'aux larmes...... Il faut donc que tout prêtre mette la main à l'œuvre, travaille, prêche la divinité de Jésus-Christ, inséparablement unie à son humanité, comme la lumière et le jour le sont au soleil... Le triomphe de Jésus-Christ est assuré; mais il faut que tout prêtre et tout fidèle prennent en main sa défense. Quand l'État est attaqué ou en danger, le souverain assemble toutes ses troupes, depuis le dernier des soldats jusqu'au premier des généraux. Il faut que tous combattent de même pour marcher contre ce monstre affreux de l'impiété, qui se présentera sous différentes formes.... Ce monstre sera si affreux, qu'il n'y en aura jamais eu de semblable depuis le commencement du monde. Son souffle fumant et empoisonné répandra une odeur tellement infecte, qu'on en seroit renversé sans une protection spéciale; mais le cœur de Jésus nous met à l'abri de tout danger.

Ce *monstre* sera composé des *têtes les plus horribles* qui soient sur la terre. Il faudra le combattre et l'abattre à coups redoublés avec un *bâton noueux et épineux*, *qui ne doit ni plier ni rompre.*

Les têtes horribles du monstre sont les différentes hérésies et impiétés qu'on renouvellera et qu'on multipliera de toutes manières ; le *bâton noueux et épineux qui ne doit ni plier ni rompre* désigne les instructions des pasteurs, qui doivent frapper (les cœurs) à coups redoublés, sans s'intimider ni céder aux circonstances, ni aux impies; *les nœuds* du bâton représentent les dogmes et les points essentiels qu'on doit traiter; *les épines* sont les paroles énergiques et fortes dont se serviront les pasteurs pour frapper le monstre. Il faut que les instructions soient redoublées, et pénètrent jusqu'à *son cœur et ses entrailles.* Là se trouvera un *poison si subtil et si infect*, qu'il nous feroit périr si nous n'étions ministres de Jésus-Christ. Il faudra vider le monstre, il faudra lui arracher les entrailles, le déchirer au point qu'il soit réduit en *poudre.* Cette *poussière empoisonnée* seroit capable d'infecter la terre; elle sera jetée au fond des enfers, pour augmenter le tourment des hérétiques et des impies qui auront enfanté ce monstre.

Il faut que les... âmes pieuses s'unissent au cœur de Jésus-Christ pour le prier avec larmes, pour surveiller les impies et leurs impiétés..., emploient toutes leurs forces..... pour suivre l'impiété dans tous les coins et sous toutes les formes qu'elle se présentera..... Il faut singulièrement recommander aux jeunes, par leurs père et mère, de ne rien voir, de ne rien toucher de ce qui participera à ce monstre d'impiété : son poison s'introduiroit dans leur cœur, par leurs yeux en lisant de mauvais livres, par leurs mains en formant des liaisons avec ceux qui auroient bu de l'eau du torrent.

Il ne paraît pas que les bons prêtres soient mis en prison ; s'il y en a quelques-uns d'incarcérés, ils en sortiront bientôt par la prière et le zèle des autres bons prêtres, et Dieu en tirera sa gloire.

Les vierges chrétiennes ne seront ni affligées, ni profanées; cependant, si quelques-unes d'elles ou de leurs maisons religieuses étoient outragées, on saura, en examinant les choses de près, que l'ambition, l'intérêt, ou quelque autre passion aura attiré ce châtiment sur ces personnes ou sur ces maisons,

On ne cesse de me dire que *le trône sera ébranlé et même renversé*, si on ne se hâte de l'appuyer sur les bases solides de la Religion.

N. B. Le *manteau* dont il est parlé dans la première lettre (h) désigne le zèle et la force des pasteurs au milieu des affronts, des calomnies et des traits injurieux dont on les couvrira, comme on en couvroit Jésus-Christ au temps de la Passion; *l'épine sur le cœur*, la tristesse qu'éprouveront les bons prêtres en voyant les outrages faits à Jésus-Christ; mais cette épine sera moins piquante que consolante, puisque le cœur de *Jésus* défendra le nôtre, et les épines ne parviendront jusqu'au nôtre qu'après avoir été adoucies par l'amour du cœur de Jésus.

Si, dans un moment extrêmement pressant et d'un violent orage contre une paroisse, un pasteur prévoit que les mains des impies viendront profaner les mystères les plus augustes; ce qu'il ressentira vivement dans son intérieur, il doit retirer le saint sacrement du tabernacle, et le mettre, pour ce moment, à l'abri: la rage des impies, ne trouvant point à se satisfaire, se tournera contre eux-mêmes: Dieu, par leurs propres mains, exercera sa justice terrible.

Si un pasteur étoit obligé de se mettre (lui-même) à l'abri, que ce ne soit que pour un instant, et qu'il reparoisse presque aussitôt avec un nouveau feu et un nouveau courage.

18 JUIN.

Discussion.

... J'observe 1° que, dans notre malheureux siècle, les impies non-seulement ne veulent rien croire de tout ce qui tient à la Religion, mais qu'ils cherchent encore à prendre tous les moyens pour engager les bons chrétiens et quelquefois les bons prêtres à révoquer tout en doute, surtout lorsqu'on parle de révélation; 2° que, depuis le règne de l'impiété, ceux qui refusent de croire aux mystères consolants de la Religion, sont d'une crédulité vraiment honteuse, lorsqu'il s'agit de croire au démon..... Jamais les superstitions et les opérations diaboliques n'ont été plus répandues qu'elles ne le sont aujourd'hui chez les personnes sans religion et chez les ennemis de Jésus-Christ; 3° que, s'il y a tant d'incrédulité pour tout ce qui vient de Dieu, tant de croyance pour tout ce qui vient du démon, l'homme sage, raisonnable et chrétien, doit, sans préjugé, sans précipitation, et avec le secours de la prière et des conseils prudents, examiner respectueusement et gravement tout ce qu'on lui annonce comme venant de la part de Dieu, surtout s'il n'y a que des choses utiles, conformes à la foi, et qui puissent contribuer à la gloire de Dieu.

.... D'après ces observations, il faut considérer 1° quel est le caractère de la personne qui (reçoit ces communications); 2° ce que renferment ces lettres; 3° quel est l'esprit qui les a dictées; 4° les différentes preuves qui peuvent nous déterminer à y ajouter foi.

...... 1° Cette personne est d'un caractère simple, droit et pieux.....; elle n'annonce ni prétention, ni fourberie; vit si simplement, si bien inconnue au monde, qu'elle ne sera jamais soupçonnée de pareilles communications. Elle communie toutes les fois que son directeur le lui permet, et il n'est pas rigoriste.

..... 2° Nous croyons pouvoir assurer sans crainte que ces lettres ne renferment aucune hérésie, aucun esprit de division; on n'y manque de respect ni de soumission aux autorités ecclésiastiques et civiles; elles ne parlent que du zèle qu'on doit avoir pour défendre Jésus-Christ, pour étendre la dévotion à son cœur et pour combattre l'impiété.

.... 3° Sans doute il faut, d'après saint Paul, examiner de quel esprit est animé celui qui parle : ce ne peut être que de l'homme, ou du démon, ou de Dieu.

Ce ne peut être l'esprit de l'homme : la seule

peinture du caractère de la personne nous le garantit..... On découvrirait facilement des motifs d'intérêt ou d'orgueil... Je ne trouve... absolument rien qui puisse flatter ces passions. Elle reste toujours inconnue au monde, sans qu'il y ait rien de singulier dans sa conduite.

..... Paraît-il de l'esprit du démon?... Mais on n'y parle que de défendre et de soutenir Jésus-Christ, que de propager et d'étendre la fête de son cœur et la dévotion à ce cœur sacré. On insiste, on presse, on engage tous les prêtres, toutes les âmes qui aiment Jésus, tous les bons fidèles à combattre le démon dans les hérésies, dans les impiétés, les blasphèmes, dans la rage qu'il inspirera contre la Religion et contre les mystères. Le démon ne peut y voir que son orgueil, son esprit, son royaume combattus, confondus, relégués jusqu'aux enfers : ce n'est donc pas l'esprit du démon.

Puisque ce n'est ni l'esprit de l'homme, ni celui du démon, nous pouvons conclure que c'est l'esprit de Dieu.

21 JUIN.

Suite des révélations.

Nous sommes au moment où les branches mortes se font remarquer des branches vertes qui, dans les forêts, se couvrent de verdure, tandis que les premières restent mortes, et ne peuvent cacher leur nudité. Il en est de même des impies : c'est le moment où ils seront dévoilés et couverts d'opprobres; ils seront coupés et retranchés ignominieusement de la société des bons. Dieu les poursuivra d'une manière si frappante, que la mort, pour ceux qui ne seront pas frappés de suite, leur seroit moins dure et moins pénible que la vie honteuse qu'ils traîneront parmi les hommes. Jésus-Christ lui-même compare leur châtiment à celui de *Caïn*. Leur confusion en ce monde et leur punition dans l'autre seront des plus affreuses, parce qu'ils s'endurciront et ne se convertiront pas. Ces impies, dit encore Jésus-Christ, ressemblent à une troupe de *tigres* qui courent tous après la même proie; cette proie venant à leur échapper dans leur course, ils tournent leur rage les uns contre les autres : ils se battent, ils se mordent, ils se mettent en pièces; ceux qui échappent au carnage tombent dans les fosses qu'ils ont creusées pour y faire tomber leur proie, et ils y sont pris eux-mêmes.

Jésus-Christ ne dit pas qu'il n'y aura point de modification dans ces menaces et ces promesses : Dieu en mit autrefois à l'égard de Ni-

nive. Mais, en général, ces menaces s'exécuteront sur les *impies de profession* qui attaquent volontairement Dieu, sa Religion, ses ministres; qui veulent renverser Jésus-Christ et la foi des fidèles, et qui, par orgueil, persévèrent dans l'impiété, malgré les châtiments dont Dieu les frappe.

Il y a, en France, nombre de *méchants* qui servent aux impies comme les animaux domestiques servent aux laboureurs pour cultiver leurs champs. Ces méchants, vicieux, conduits bien plus par leurs passions brutales et par leur ignorance que par une impiété formelle, doivent être sollicités et pressés *vivement* de revenir à Dieu, et de quitter ces *maîtres monstrueux* qui les dirigent dans l'impiété en abusant de leur *crédulité* et de leurs passions. Il y en aura parmi eux qui comprendront ce langage, et qui, touchés de repentir, reviendront sincèrement à Dieu : qu'on annonce à ceux-ci une miséricorde pleine et entière de la part de Jésus-Christ; qu'on leur dise qu'ils en seront aimés autant que ceux qui lui seront demeurés fidèles; mais qu'on prévienne les autres que, s'ils persistent à vouloir suivre le monstre, ils participeront à son châtiment terrible.

Que les impies sachent qu'il leur est aussi

impossible de renverser Jésus-Christ et la Religion, qu'il leur est impossible de pénétrer dans les cieux. Mais Dieu pénètre dans leur cœur; il y découvre leur affreuse hypocrisie, ainsi que leurs conseils. Il saura donc les déjouer, et il les renversera avec une puissance terrible; ils auront beau cacher leurs complots, les multiplier et les faire reparoître sous différentes formes, encore une fois ils seront déjoués et renversés.

Jésus-Christ veut bien, dans sa charité, étendre ses miséricordes jusque sur les impies: il les invite encore avec douceur à ne pas demeurer dans l'endurcissement; il leur offre le pardon, et leur dit que son cœur leur tiendra compte des efforts qu'ils feront pour supporter les humiliations que leur causera l'aveu de leurs fautes. Il ajoute qu'il est profondément affligé en voyant que les chrétiens refusent de revenir à lui; que le signe mystérieux dont leur front a été marqué représente la croix sur laquelle l'amour de Jésus l'a fait expirer pour le salut des hommes; qu'il est mort pour tous et pour chacun en particulier; et que, s'il a eu tant d'amour pour nous, le pécheur ne doit pas craindre de revenir à lui.

... J'aime, dit Jésus, l'image de mon cœur; je voudrois qu'elle fût multipliée et répandue dans les églises, dans les maisons; oui, partout où je trouve l'image de mon cœur, je me plais à répandre mes bénédictions.... Que les bons fidèles ne soient point alarmés de l'outrage qu'on voudroit faire à mon cœur; j'en saurais retirer ma gloire; et je les dédommagerai abondamment de la tristesse qu'ils auront eue en voyant les mépris dont on accablera mon cœur, et ils applaudiront à ma gloire si on l'outrage.

.....Le grand livre pour prier Dieu, c'est le cœur de Jésus, c'est Jésus sur la croix, c'est Jésus sur nos autels, Jésus dans nos cœurs, Jésus dans le ciel; les bons yeux pour lire dans ce livre sont les yeux d'un cœur qui l'aime.... Les impies, les méchants et les libertins qui se railleront et se moqueront de la simplicité avec laquelle, dit Jésus-Christ, ma parole leur sera annoncée, apprendront par ma bouche que l'offense qu'ils font à leurs pasteurs me sera faite à moi-même; que le scandale qu'ils auront donné aux fidèles ne pourra être pardonné qu'en faisant l'aveu de leurs fautes aux prêtres de mon Église avec sincérité et humilité. S'ils se refusent à cet avis, et s'ils le méprisent, qu'ils se rappellent cette vérité et qu'ils la gravent dans leur cœur : que Jésus-Christ, qu'ils auront insulté dans la personne de son représentant, sera leur juge.

..... Jésus-Christ dit que plusieurs prêtres, en France, ont été prévenus de tout ce qui est contenu dans cet écrit....., et il se plaint du retard qu'ont mis ses ministres à faire connoître ses instructions. En attendant, dit Jésus-Christ, le temps se passe et le torrent coule; oui, il coule dans la France comme les petits ruisseaux; mais bientôt arrivera un torrent d'eau qui entraînera sur les prairies le gravier et les cailloux, et qui couvrira l'herbe, les fleurs et les plantes. Il rendra ce terrain stérile, sans que le soleil puisse le fortifier et le rétablir dans son premier état. C'est ainsi que la France est menacée du torrent prochain de l'impiété, si on n'y oppose promptement de fortes digues. Si les pasteurs ne raniment leur zèle, la Religion, ravagée en France, passera dans d'autres pays et chez des peuples étrangers qui en feront un meilleur usage. Ce torrent, ce sont les *mauvais livres* qui circulent déjà sourdement en mille et mille manières, mais qui inonderont bientôt la France avec une telle rapidité et une telle profusion que tout en sera ravagé.

Les pasteurs peuvent et doivent arrêter ce torrent par des instructions adressées aux pères et mères, aux enfants et aux domestiques; les prémunir, par leurs avis, contre le poison qui sera caché jusque dans les livres les plus pieux. ... Pour mieux séduire les fidèles, on emprunteral les *plus beaux titres*, les noms de Jésus et de Marie; on se couvrira même des noms des *meilleurs libraires* pour les faire servir à la malice des impies. Qu'on conserve avec soin les catéchismes, l'Évangile et autres livres de messe qu'on a dans ce moment; et surtout qu'on n'en achète plus à l'avenir sans prévenir son pasteur; qu'on se méfie de tous ces livres qu'offriront les colporteurs, tels que *petits livres de piété*, *almanachs*, *chansonnettes*, etc..... Il est de la plus haute importance de prévenir ces pères et mères que Jésus-Christ les rend responsables des mauvais livres qu'ils laissent lire à leurs enfants, soit en les leur procurant, soit en ne les surveillant pas assez... Les parents qui ne savent pas lire, mais dont les enfants vont à l'école, ne doivent les confier qu'à des maîtres et à des maîtresses approuvés par les pasteurs, et dont ils connoissent la piété et la prudence. Ceux qui risqueront de placer leurs enfants chez les maîtres non approuvés seront responsables des malheurs qui arriveront à leurs enfants.... Jusque dans les asiles les plus sacrés et les maisons les plus saintes, il faudra user d'une surveillance rigoureuse, parce qu'on engagera jusqu'à des enfants pour y introduire de mauvais livres.... Jésus-Christ rend responsables, dans les maisons, depuis le vieillard jusqu'au plus petit enfant; et il espère, d'après ces instructions, que les fidèles se préserveront de ce torrent : mais malheur à ceux qui ne suivront pas ces avis!

..... Les pasteurs zélés qui combattront vigoureusement le monstre seront appelés en certain lieu (il paroît que c'est un concile) pour travailler à purger le poison qu'on aura introduit dans les meilleurs livres, jusque dans l'Évangile, dont les miracles, les exemples et la morale seront altérés. Si quelqu'un de ces pasteurs venoit à mourir dans cette assemblée, que (ceux qui composent) leur troupeau demandent et rapportent au milieu d'eux leurs dépouilles mortelles....... Hélas! dit Jésus-Christ, quelques-uns riront et tourneront en ridicule mes avis, à cause du vil instrument dont je me sers pour transmettre mes volontés; mais malheur à ceux qui les mépriseront!..... D'ailleurs, n'ai-je pas confondu l'orgueil et l'opiniâtreté de Pharaon et de tant d'autres, en me servant d'animaux, souvent les plus vils et les plus méprisables?... (Il ajoute) qu'il auroit pu se servir d'un ange pour cette mission importante; mais il ne l'a pas jugé nécessaire.

.... Vous n'avez pas de temps à perdre...., vos retards laissent couler le torrent.....; ses ravages seront rapides, et les fidèles qui ne seront pas prévenus tomberont sans cesse dans des piéges qu'ils ne connoîtront pas et que leur tendra l'impiété.

.... Ayez, dit Jésus-Christ à ses ministres, cette foi prompte et active qui agit sur la parole de son Dieu, et qui n'attend pas de voir les effets et les maux qui sont annoncés pour se mettre au travail. Mais quoi! mes ministres seroient-ils froids et indifférents?... tandis que le danger est si pressant, que l'ennemi est à la porte, resteront-ils sans se réunir, sans se concerter, sans s'animer et prendre en mains les armes de la foi pour me défendre, protéger les intérêts de la Religion, de leurs paroisses, de leurs diocèses, de leur patrie? Mais s'il s'agissoit d'une affaire temporelle, d'un vil intérêt, n'ajouteroit-on pas foi à tout ce que je dirois? Si je parlois aussi clairement, ne prendroit-on pas toutes les précautions possibles pour éviter les ennemis? Et ici, où il s'agit de ma gloire, de l'intérêt de la France, y auroit-il des pasteurs froids et nonchalants qui refuseroient encore de suivre l'exemple des pasteurs zélés, qui fermeroient les yeux pour ne pas voir les rayons du soleil de justice que Dieu fait briller à leurs yeux par amour pour leur malheureuse patrie, qui est près de succomber et de perdre le flambeau de la foi? Mais après tout, que demandé-je de mes prêtres? Je ne leur demande ni sacrifice d'argent, ni perte de biens, ni macérations, mais seulement qu'ils instruisent les fidèles, qu'ils préviennent des dangers qui les menacent; qu'ils leur apprennent enfin à m'aimer, à me servir, et qu'ils remplissent leurs devoirs avec zèle. Que les bons pasteurs et les bons fidèles sachent de plus qu'une trop grande inquiétude sur les événements qui doivent arriver seroit envers moi une défiance qui m'offenseroit.....

..... Jésus-Christ se plaint avec amertume de ce qu'un si petit nombre de chrétiens connoissent et pratiquent la dévotion à son cœur. ... Cette ignorance est d'autant plus coupable, qu'elle l'expose tous les jours à la froideur, aux mépris et aux insultes de ceux qui se présentent pour le recevoir dans le sacrement de son amour..... Ministres du Seigneur, dit-il, multipliez vos instructions à cet égard; adressez-vous à tous, mais aux mères particulièrement...; ne cherchez pas l'éloquence qui gêne, mais celle que vous puiserez dans mon cœur:

elle sera douce et persuasive, elle remuera l'âme de ceux qui vous entendront, et attachera leur cœur à la vérité. Parlez aux mères. ... Que, dès que leurs enfants commenceront à parler, elles leur apprennent avec soin à prononcer les noms de Jésus et de Marie; qu'elles les gravent dans leur cœur aussi profondément que j'y imprimerai moi-même les sentiments d'amour et de tendresse qu'ils doivent à leurs parents.... Pères et mères, en les conduisant dans le lieu de la prière..., dites-leur : « Mes » enfants, j'ai quelque chose à demander à Jé» sus-Christ, demandez-lui qu'il exauce ma » prière. » Je vous assure que la foi et l'innocence de ces enfants vous obtiendront facilement ce que vous auriez demandé seuls.....

... Si, dans tout cet écrit, Jésus-Christ n'a presque pas parlé de sa mère, c'est pour le terminer par une invitation pressante à se mettre sous sa protection, en rappelant aux Français les grâces multipliées et vraiment miraculeuses qu'elle a obtenues pour notre malheureuse patrie.... Qu'on aille à son cœur par celui de sa mère; qu'on l'invoque avec une confiance pleine et parfaite. Cette tendre mère... protège la France, les pasteurs, les fidèles. Le *Sub tuum*, l'*Ave, Maria*, sont les prières les plus simples, les plus touchantes, le plus à la portée de tous les fidèles : ce sont celles qu'on recommande.

28 JUILLET.

Outre la punition terrible que Dieu exercera contre les chefs des impies, il en exercera pareillement de bien affligeantes sur les villes coupables et les méchants. Ces châtiments seront aussi visibles que ceux qui frappèrent Pharaon et son peuple... Il y aura des pays où à peine se trouvera-t-il quelques justes; ils seront épargnés, et les méchants en seront étonnés. Mais ils sauront bientôt que c'est parce qu'ils sont justes, amis de Dieu, pleins d'amour et de confiance envers le cœur de Jésus. ... Il fera des miracles frappants, et il en opèrera par la main des justes ses amis.

.... C'est le moment où les impies se ligueront contre moi; ils se lieront par les serments les plus affreux : c'est le moment où le torrent va couler avec plus de force et une impétuosité épouvantable; mais aussi c'est le moment où Jésus-Christ va dévoiler leurs complots, et les déjouer de la manière la plus frappante.... Il prévient ses ministres et tous ses fidèles de ne pas sortir la nuit sans une nécessité pressante; et encore faudra-t-il se faire accompagner.

3 AOUT.

..... Jésus-Christ prévient que, si quelque événement sembloit renverser sa parole contenue dans cet écrit, nous ne devons en avoir aucune inquiétude; il le prouvera par quelque chose d'éclatant, ce à quoi on ne pouvoit s'attendre. Sa puissance ne peut être bornée par les hommes, et il prouvera toujours que rien ne peut détruire sa parole, ni renverser sa volonté.

Ces prédictions et les fragments de lettres que je vais citer, m'ont été transmis par l'ecclésiastique dont il est parlé dans la préface de ce Recueil. Sa vertu et ses lumières ne permettent pas de douter de l'authenticité de ce qu'il m'a transmis.

Châtellerault, 14 *octobre* 1830.

Il y a des exemplaires du *Mirabilis liber*, mieux conservés que celui que vous avez consulté. Les mots *Gascois*, etc., que vous n'aviez pu déchiffrer sont ceux-ci : *Gasconia autem interitus suorum ;* et ailleurs vous avez supprimé ce passage, que je ne peux citer que de mémoire : *Nobilis rex Francorum super tabu-*

lam occidetur. Je le cite parce que je l'ai lu, il y a trente-cinq ans, dans l'original en caractères gothiques (1).

Châtellerault, 29 *octobre* 1830.

Si vous pouviez vous procurer l'ouvrage latin de Holzauzer, vous en détacheriez des citations remarquables :

« Dieu enverra un grand monarque (appelé tantôt *Auxilium Dei*, tantôt *Lilifer*), qui, de concert avec une puissance du nord, exterminera la race des impies; il rétablira l'ordre, *et reddet unicuique bonum*, etc. Dieu, dans ce même temps, suscitera un pontife saint qui, soutenu par le grand monarque, fera briller plus que jamais la gloire de l'Église catholique partout l'univers.... On croira la race du grand.... éteinte : point du tout. Un duc... paroîtra contre toute attente, lorsque les amis de l'Église et des souverains légitimes seront dans la consternation...., et tellement persécutés, qu'ils seront contraints de prendre les armes, auxquelles Dieu donnera le plus merveilleux et le plus brillant succès, etc., etc. »

(1) Ceci est pour les personnes qui ont le premier Recueil de prédictions, et s'applique à celle de Jean de Vatiguerro, dite de Saint-Césaire.

EXTRAIT DU *CORRESPONDANT*,

Du mardi 24 juillet 1792.

Ce n'est point ici une prophétie de Nostradamus que nous copions; nous donnons l'extrait fidèle d'un manuscrit volumineux déposé et gardé aux archives du château de l'Oba en Suisse. L'auteur de ce manuscrit écrivoit en 1756 et 1771, époque de sa mort. Il le légua au Dauphin, aujourd'hui roi de France. Le motif du legs fut la persuasion où était l'auteur que les événements qu'il croyoit lire dans l'avenir, se passeroient sous le règne de cet infortuné monarque. Tout cela, nous en convenons, doit paroître fort extraordinaire à nos lecteurs; mais nous en garantissons l'authenticité de la copie que nous faisons imprimer. Elle a été, il y a plus d'un an, prise sur l'original même par un Français dont les écrits ne dénotent certainement pas un homme crédule, et dont la probité ne permet pas de soupçonner le témoignage. Voici cette pièce que nous abandonnons au surplus aux réflexions de nos lecteurs.

L'apostasie éclatera subitement, et parviendra à son comble dans l'espace d'une année, elle sera poussée à des excès incroyables. Pendant ce temps, tous les États de l'Europe seront en fermentation, et ne sera terminée que par la guerre qu'on lui fera; elle sera produite par les artifices et les efforts des personnes constituées dans le gouvernement, soutenue par les subalternes, tant de l'état civil que de l'état ecclésiastique. L'antique constitution de l'État sera également attaquée par l'apostasie. La crainte, ou des vues intéressées engageront quelques puissances à soutenir les apostats. Dieu frappera d'abord les grands, ensuite le peuple. Les apostats, après avoir joui d'une confiance sans bornes, après avoir vu toutes les difficultés s'aplanir, verront un ministre en prison et un prince sur l'échafaud, pour avoir cherché à soumettre le royaume à une secte étrangère. Il faudra que tout homme porte le signe de la bête sur le front.

Le peuple se flattera que ceux qui le mènent écarteront de lui les calamités; mais cette espérance sera trompée : ceux qui parleront de prospérité, au lieu de douleurs, obtiendront la confiance du peuple; la nation apostate sera dans une sécurité stupide, dominée par une race brouillonne, et même elle sera enivrée de folles espérances. La puissance constituée fera des ordonnances en faveur du nouveau culte, et défendra aux ecclésiastiques d'en célébrer un autre. Le clergé se portera en partie aux désirs de la puissance constituée. Les emplois éminents de l'Église seront confiés à des gens parjures ou dissimulés; on n'admettra que des renégats pour les desservir. Les frontières seront garnies de gardes; mais les fidèles se retireront en foule. Cependant les vieillards, les femmes, les enfants, les malades, et plusieurs autres, forcés de rester, demeureront exposés aux événements jusqu'à un certain temps et certaines circonstances. Les fugitifs se répandront en plaintes : ils diront qu'on les a trompés; ils demanderont justice au ciel, ils la chercheront sur la terre; leurs cris hâteront le travail du pontife; les amis des persécutés sur la terre s'occuperont à les réunir; on présentera un plan qui sera adopté; et cette bonne intelligence ne sera qu'illusoire. Le projet qu'on formera échouera : les fidèles qui voudront fuir à cette époque deviendront l'objet de la diligence de leurs argus : la persécution finira par le martyre du premier et du second ordre de la société.

C'est dans une métropole que sera rédigé le projet du relèvement. Les fugitifs seront tranquilles jusqu'à ce qu'ils se mettent en travail pour le relèvement, les fidèles observeront le silence pendant un temps. Les personnes revêtues de la puissance souveraine pour tendre un piège aux persécutés leur demanderont solennellement (*Ici il manque un mot qui n'a pu être déchiffré dans l'original*). Les persécutés, voyant la persévérance de leurs ennemis, et que toutes les démarches qu'une fausse politique leur a dictées, ont manqué leur but, commenceront à calculer leurs ressources, et le désespoir leur faisant trouver pour conseil leur courage, ils prendront enfin, mais sans confiance, les seuls moyens convenables.

Les grands parleront haut en leur faveur, une grande puissance partagera leur cause, et entraînera les autres par son ascendant. Étant si rigoureusement punis par l'exil et tant de malheurs, les fidèles verront enfin succomber leurs ennemis. La guerre, une fois commencée, ne sera terminée que par le licenciement des deux partis.

C'est du Nord que partiront les premières étincelles de la guerre; les apostats s'y prépareront, mais sans aucune espérance de succès. La lâcheté, cette terreur qui suit les grands crimes, les attèrera à la vue de l'ennemi; les apostats garderont leurs frontières avec défense de laisser sortir ni amis ni ennemis. Mais les ordres seront donnés avec tant de troubles, que l'émigration ne sera point arrêtée. La guerre paroît devoir durer à peu près deux ans. Les armées ennemies ne fondront point sur l'empire apostat; elles le cerneront, et donneront aux rebelles le temps de rentrer dans leur devoir; mais, au lieu de faire aucun acte de soumission, ils se plongeront dans les excès contraires. Quand ils verront l'orage prêt à fondre sur eux, ils seront abattus par la crainte, sans être conseillés par la sagesse.

Toutes les puissances de l'Europe seront liguées contre eux; ils rassembleront leurs forces pour leur résister. Alors Dieu les abandonnera à leur sort : l'armée employée au relèvement sera exhortée par le chef à la modération dans la victoire : ses succès seront éclatants, les temples retentiront de *Te Deum*, et d'autres actions de grâces et cris de victoire.

La ville où le péché a commencé sera détruite. Ceux d'entre les apostats qui échapperont à la famine, à l'épée, aux échafauds dressés par la loi, sembleront chercher un asile dans les contrées du nord de l'Europe; ils y traîneront, dans l'exil et dans l'opprobre, une vie sans intérêt. C'est du Nord que doivent venir les armées destinées à réduire les apostats. Différents motifs engageront les principales puissances contre les apostats.

La destruction des apostats sera portée aux neuf dixièmes.

A. M. D. G.

Traduction d'une partie d'un vieux manuscrit de la bibliothèque des R. P. Bénédictins de l'abbaye Saint Germain-des-Prés. Ce manuscrit commence par un traité de l'Influence des Lettres; suit un petit poëme en l'honneur de sainte Marthe, tous deux sans nom d'auteur; le troisième qui suit est du révérend père Jérôme.

Le nécrologe de l'Abbaye porte : le 10 juillet 1420, mourut Jérôme Botin, de Cahors, âgé de 62 ans, homme recommandable par sa science, sa piété et sa saintelé; qu'il repose en paix.

Au nom du Seigneur qui a créé toutes choses, voici les paroles que l'Esprit a dictées à Jérôme, serviteur du Seigneur, écrites au monastère de Saint-Germain à Paris.

« L'an mil quatre cent dix de la Conception, le souverain pontife Jean XXIII, gouvernant l'Église de Dieu sous le règne de Charles VI, et voici ce que l'Esprit lui a dicté.

« Malheur aux peuples, aux princes et aux rois qui gouvernent les peuples, parce qu'il viendra des temps de deuil et de chagrin; le vent de la tribulation divisera et dispersera les hommes, et la terre sera couverte du sang des clercs, des nobles et du peuple. Malheur à ceux qui portent le glaive, parce que leurs épées seront teintes de leur sang...... Les temps où ces choses viendront ne sont pas éloignés, a dit l'Esprit. Un siècle s'écoulera, et l'héritage du Seigneur sera divisé (1); et à cause de cet héritage, les princes combattront contre les princes, les peuples contre les peuples; et l'intérêt, sous le masque de la réforme, tentera de tout renverser; et, après un autre siècle, l'héritage du Seigneur sera sauvé, parce que sa main est au-dessus de la main des plus puissants. C'est ce que m'inspire l'Esprit.

» Malheur à la mer, malheur à la terre et à ceux qui l'habitent maintenant et pour ces siècles; malheur aux Gaulois et aux habitants des îles (2), parce que l'héritage du Seigneur s'éloignera d'eux, et il y aura chez eux de grands gémissements pour le reste de cet héritage, a dit l'Esprit.

(1) La réforme de Luther.

(2) La réforme d'Angleterre.

» Après un autre siècle, ou à peu près, l'héritage du Seigneur ne sera plus divisé, au moins pour les Gaulois : il régnera sur eux un prince duquel il est écrit (1) : Arme-toi de ton épée et la mets à ton côté. Prince très-puissant, il réunira les rois, les princes et les peuples; il gouvernera avec sagesse et puissance : c'est ce que dit l'Esprit. Son règne très-long sera un règne de justice et de force; il sera en grande vénération, et sa mémoire sera florissante.

» Et après un autre siècle, les princes de la terre, et tous les peuples trembleront de fureur (2) ; et ce temps sera un temps de désespoir et d'iniquité, et on trouvera à peine un seul homme qui fasse le bien. C'est ce que le Seigneur m'inspire d'annoncer. Alors il régnera un prince (3), l'oint du Seigneur, homme doué de vertus, de douceur; et les ouvriers d'iniquités mettront sa tête à prix, épuiseront contre lui leur malice, le réduiront en captivité, et sa fin sera plus malheureuse que le commencement, a dit l'Esprit.

» Après avoir mis en captivité lui et les siens, les princes et les grands seront en-

(1) Louis XIV.

(2) La révolution de France.

(3) Louis XVI.

traînés à leur perte, et il y aura alors un grand deuil dans l'Église du Seigneur : il ne demeurera pas pierre sur pierre, les autels, les temples seront détruits ; les vierges consacrées au Seigneur seront outragées. Ces hommes d'iniquité s'enivreront de folie, car ils auront des signes à leur tête et sur leurs édifices, a dit l'Esprit.

» Malheur aux princes et aux grands, parce que leur pouvoir sera détruit ; malheur aux peuples, parce que leurs mains seront teintes de sang : malheur à ceux qui les gouvernent, parce qu'ils marcheront dans les sentiers d'iniquités, et qu'ils auront été enivrés du sang d'un roi innocent, des grands et du peuple, et que leur domination sera une domination de perversité, et leur règne un règne d'abomination, et que dans peu ils seront écrasés et périront : c'est ce que dit l'Esprit.

» Malheur aux princes et aux grands, malheur au peuple, parce que son roi sera immolé comme une brebis, ses proches seront tués ; d'autres seront dispersés, et ceux qui auront fait ces choses diront *amen*.

» Oui, malheur, mille fois malheur au peuple qui s'est révolté contre l'autorité et qui a renversé les lois : il a arraché de la prospérité jusqu'à la racine, il a brisé ses lys, l'aigle (1) planera sur lui, il ravira et détruira sa proie, a dit l'Esprit. La terre sera couverte du sang de ses habitants.

» Ses enfants armés du glaive périront par l'épée, et ces maux innombrables, dit le Seigneur, n'apaiseront point encore ma colère; mon bras sera levé sur lui; il sera frappé de la verge de ma justice et du bâton de ma fureur; et la main qui l'opprimera sera l'instrument de ma colère sur lui et sur les nations : c'est ce que dit l'Esprit.

» Mais après que quatre siècles seront plus qu'écoulés, les autels de Belzébut seront détruits. Les ouvriers d'iniquités seront détruits et périront. La rosée du ciel descendra sur la terre désolée et sur l'Église éplorée, et il y aura un enfant du sang du roi que donneront les gens d'Artois; il gouvernera avec prudence et honneur la France, et l'esprit du Seigneur sera avec lui; c'est ce qu'a dit l'Esprit.

» Avant la fin du dix-huitième siècle, les ministres des autels pleureront et souffriront persécution pour la justice; le pasteur sera frappé et le troupeau dispersé; ce ne sera qu'après ce siècle qu'il y aura un autre pasteur qui conduira les peuples dans l'équité et

(1) Bonaparte.

les rois dans la justice; il sera honoré des princes et des peuples; mais avant qu'il ait établi son empire, que celui qui n'a point fléchi devant Baal, fuie du milieu de Babylone, dit l'Esprit.

» Que chacun ne pense qu'à sauver sa vie, parce que voici le temps où le Seigneur doit, par la grandeur de ses vengeances, montrer la grandeur des crimes dont elle est souillée; il va faire retomber sur elle les maux dont elle a accablé les autres.

» Le Seigneur a présenté par la main de cette ville impie, désolatrice des peuples, meurtrière de ses prêtres, de ses rois et de ses propres enfants, le calice de ses vengeances à tous les peuples de la terre; toutes les nations ont bu du vin de sa fureur; elles ont souffert toutes les agitations de sa captivité et de sa barbarie; mais en un moment Babylone est tombée et elle s'est brisée dans sa chûte, a dit l'Esprit.

» Tout ceci arrivera pour épurer les bons et perdre les méchants, faire honorer l'Église de Dieu, faire craindre et servir le Seigneur.

» Telles sont les paroles que l'Esprit a manifestées à son serviteur Jérôme, qu'il a écrites d'après ses ordres, et dont la vérité sera reconnue dans le temps. *Ainsi soit-il.* »

Cette prédiction, qui me semble très-importante, m'a été remise par une personne qui ne l'avait pas depuis fort long-temps ; mais dans la lettre datée de Vendôme, dont il est fait mention d'une partie dans la préface de ce recueil, l'auteur de la lettre dit qu'elle possède cette prédiction depuis plus de vingt-cinq ans. M. de B...., vieillard, rempli d'érudition, sincèrement vertueux, connu autant par ses écrits que par les emplois imminents qu'il a exercés, m'a assuré qu'il la possédoit depuis plus de quarante ans. J'ai cru devoir indiquer en note les différentes époques auxquelles, selon moi, cette prédiction se rapporte.

Prophétie sur la succession des Papes, attribuée à saint Malachie.

1700. *Flores circumdati.*
Les fleurs environnées. Clément XI. Il avait les fleurs de l'éloquence en particulier, et était de l'académie de la reine Christine de Suède.

1721. *De bona religione.*
De la bonne religion. Innocent XIII.

1724. *Miles in bello.*
Soldat à la guerre. Benoît XIII.

1730. *Columna excelsa.*
Une colonne élevée. Clément XII.

1740. *Animal rurale.*
L'animal de la campagne. Benoit XIV.

Prophéties qui restent de celles qu'on attribue à saint Malachie, avec l'interprétation française.

1. *Rosa umbria.*
La rose de Toscane.
2. *Visus velox vel ursus velox.*
La vue perçante, ou l'ours léger.
3. *Peregrinus apostolicus.*
Le pélerin apostolique. Pie VI.
4. *Aquila rapax.*
L'aigle ravissant. Pie VII.
5. *Canis et coluber.*
Le chien et le serpent. Léon XII.
6. *Vir religiosus.*
L'homme religieux. Pie VIII.
7. *De balneis Etruriæ.*
Des bains de Toscane.
8. *Crux de cruce.*
La croix de la croix.
9. *Lumen in cœlo.*
La lumière dans le ciel.
10. *Ignis ardens!*
Le feu ardent.

11. *Religio depopulata.*
La religion dépeuplée.
12. *Fides intrepida.*
La foi intrépide.
13. *Pastor angelicus.*
Pasteur angélique.
14. *Pastor et nauta.*
Pasteur et marinier.
15. *Flos florum.*
La fleur des fleurs.
16. *De medietate lunæ.*
De la moitié de la lune.
17. *De labore solis.*
Du travail du soleil.
18. *De gloria olivæ.*
De la gloire de l'olive.

In perfectione extrema romanæ ecclesiæ sedebit Petrus romanus, qui pascet oves in multis tribulationibus, quibus transactis, civitas septicollis diruetur, et judex tremendus judicabit populum.

Dans la dernière persécution de la sainte Église romaine, il y aura un Pierre romain élevé au pontificat : celui-là paîtra les ouailles dans de grandes tribulations; et ce temps fâcheux étant passé, la ville à sept montagnes sera détruite, et le juge redoutable jugera le monde.

(*Voir l'article Malachie dans le Dictionnaire de Moreri.*)

Extrait d'un ouvrage intitulé : Ouvrages des Saints Pères qui ont vécu du temps des Apôtres. *Paris*, 1717, *pages* 50 *et* 51. *Saint Barnabé.*

Il est encore parlé du sabbat dans les dix commandements que Dieu donna à Moïse sur le mont Sinaï, où il lui parla face à face : *Observez le sabbat du Seigneur avec des mains nettes et un cœur pur.* Et ailleurs : *Si vos enfants sont fidèles à observer mon sabbat, je leur ferai miséricorde.* Le sabbat dont Dieu parle ici, est celui dans lequel il entra après avoir créé le monde. *Or Dieu fit tous ses ouvrages en six jours, il se reposa le septième jour, et le sanctifia.* Faites attention, mes chers enfants, à ces paroles : *Il acheva tous ses ouvrages en six jours.* Elles signifient que la durée du monde ne doit être que de six mille ans (1), et que c'est le terme que Dieu

(1) *Explication.* Cette supposition de six mille ans que

a marqué à tous ses ouvrages; car mille ans sont comme un seul jour devant lui, et lui-même l'assure, en disant : *Le jour d'aujourd'hui est comme mille ans devant mes yeux.* Ainsi, mes chers enfants, la durée de toutes choses sera de six jours, c'est-à-dire de six mille ans. *Dieu se reposa le septième jour.* C'est-à-dire, lorsque son Fils paraîtra, qu'il viendra mettre fin au règne de l'iniquité, qu'il aura jugé les impies, qu'il aura changé le soleil, la lune et les étoiles; c'est alors qu'il

doit durer le monde, étoit un sentiment presque général et universel à la naissance du christianisme, et c'est peut-être sur cette idée que l'auteur du quatrième livre d'Esdras, *ch.* 14. *v.* 11. supposoit que le monde ne devoit durer que douze âges, et que de son temps il s'en étoit déjà écoulé dix. Saint Irenée, *liv.* 5, *contre les hérésies*, *ch.* 28, dit clairement que le monde ne doit subsister que six mille ans, autant de mille ans que Dieu a été de jours à le créer. Lactance dit la même chose. *Voyez liv.* 7. des *Inst. ch.* 14. 25 *et* 18. Il appuie ce sentiment sur des conséquences tirées de l'Écriture. S. Hilaire soutient la même chose, *sur saint Matth. ch.* 17. *n.* 3. et saint Jérôme, *sur le chap.* 4. *de Michée*, *p.* 1521. *vers la fin*, *tome* 3. *et Epist. à Cyprien*, *p.* 698. *tom.* 2. *nouv. édit.* l'Auteur des quest. attribuées à saint Justin, *quest.* 71. et plusieurs autres Pères. On y peut joindre aussi saint Augustin, *liv.* 20. *de la Cité de Dieu*, *ch.* 7. *p.* 581. *et suiv. tome* 7. quoiqu'il n'en parle pas en l'assurant.

entrera dans ce repos parfait du septième jour. Il ajoute encore : *Vous sanctifierez ce jour avec des mains nettes et un cœur pur.* Et si dans le temps de la vie présente ce n'est qu'en se conduisant en toutes choses avec un cœur pur qu'on peut observer dignement le jour que le Seigneur a sanctifié, comment l'observerons-nous, nous qui nous sommes écartés de ses voies ? Considérez donc que c'est Dieu, qui, par le repos où il est entré, a sanctifié le sabbat, et qu'ainsi après qu'il nous aura sanctifié, qu'il aura aboli l'iniquité, et que par un renouvellement entier il nous aura fait participer à la promesse, alors nous pourrons sanctifier le jour de son sabbat. Enfin il dit : *Je ne puis souffrir vos solennités des premiers jours du mois, ni vos jours de sabbat.* Vous voyez qu'il ne veut point parler en cet endroit des sabbats ordinaires, mais de celui seul dans lequel il entra après avoir achevé tous ses ouvrages, et qui se termine au huitième jour; c'est-à-dire, qui commence un nouveau cours de siècles. C'est pour cela que nous passons dans la joie le huitième jour, qui fut celui auquel Jésus-Christ ressuscita d'entre les morts, et celui encore auquel il s'éleva dans le ciel, après s'être fait voir pendant quelques jours à ses disciples.

MARTIN (1).

Martin est toujours très-discret sur tout ce que Dieu lui révèle sur la France. Il me sem-

(1) Ce que j'ai supprimé de la vision prophétique qui est dans mon premier recueil, est aussi relatif à Louis XVII. Il auroit été dit à la religieuse, 1° quand ce prince régneroit sur la France, 2° par qui il seroit placé sur le trône de ses pères, 3° où il a été depuis son évasion de la tour du Temple, 4° par qui il a été élevé, 5° le temps qu'il a été détenu. A ce sujet, je crois que mes lecteurs ne seront pas fâché de trouver ici les lignes suivantes, prises dans les Mémoires de Joséphine, tome II, pages 65, 66 et 67, et en notes pages 66 et 67. — Pages 401, 402, 403 et 404.

. . . . . . Fouché, alors ministre de la police, vint apprendre à Bonaparte qu'un jeune homme que l'on venoit d'arrêter et de conduire en prison, prétendoit être le fils de l'infortuné Louis XVI. Déjà le 21 janvier de l'année 1800, on avoit vu un drap mortuaire de velour noir, croisé de blanc, tapisser le portail de l'église de la la Madeleine; le testament du roi fut même affiché dans diverses églises, et répandu dans les salons. Bonaparte en conçut de l'inquiétude, et donna des ordres pour faire disparoître ces marques de la douleur des Français. Quant à l'imposteur (car il le jugeoit tel), il dit confidentiellement à Fouché de le faire retenir dans un lieu secret pour ne point alimenter l'espoir ou la curiosité du peuple. Le consul cherchoit à effacer tout ce qui pouvoit reble pourtant que les lumières qu'il reçoit en particulier, doivent être pour l'instruction de

veiller le souvenir d'une famille proscrite par des factieux, et qui pourtant, par ses augustes bienfaits, ne méritoit point de l'être. Tel est le délire qu'enfantent toujours les révolutions ! Ainsi les Stuarts et les Bourbons se sont vus prcipités tour à tour du faîte des grandeurs humaines et du pouvoir absolu, pour tomber dans la plus cruelle des infortunes.

Il n'en était point ainsi de Joséphine. Sa tante, madame Fanny de Beauharnais, lui avoit révélé que le dauphin, fils de Louis XVI, avoit été sauvé de la tour du Temple; que M. de T*** étoit dépositaire des documents les plus secrets sur cet enlèvement; aussi l'excellente Joséphine se croyant à moitié convaincue de l'existence précieuse du descendant de tant de rois, ne put s'empêcher de dire au ministre de la police générale : « Fouché, je vous ai préparé à l'événement du retour de Bonaparte, je vous ai été constamment favorable auprès du Directoire depuis votre arrivée d'Italie; je vous ai fait maintenir dans votre place sous le consulat : jurez-moi en ce moment sur l'honneur, et pour prix de mes bienfaits, que vous respecterez les jours de cet imposteur.... Imposteur?... mais si, par hasard, il étoit possible qu'il fût véritablement ce qu'il avance... ne seroit-il pas assez à plaindre d'être né sur le trône? Au contraire, si c'est un émule des Perkin, des Pugatcheff, etc., vous saurez bien sévir contre lui. » Continuant, elle ajoute : « Ce prisonnier n'offriroit-il point quelques-uns des traits de la reine Marie-Antoinette? Répondez franchement à ma question, ajouta-t-elle d'une voix émue et en pressant affectueusement sa main. Fouché, vous lui servirez de Mentor, et deviendrez pour lui un guide fidèle! Je réclame de votre bienveillance en sa faveur le bienfait d'un exil *calculé*. Quant à moi, je me charge de pourvoir à tous ses besoins.... » Ici le ministre tous, et la réserve qu'il met à les répandre m'étonnent autant que la manière extraordi-

parut attendri.... « Jurez-moi de nouveau le plus inviolable secret ; vous en sentez les conséquences, surtout à l'aurore d'un nouveau règne. Le moderne César ne paroî nullement disposé à jouer le rôle de régent. Qui sait même si cet homme extraordinaire ne voudra point tenter de monter sur le trône en dépit de vos vieux jacobins ?...... Mais dans la dispostion où se trouvent les esprits, une si audacieuse combinaison pourroit faire naître des troubles politiques et provoquer une explosion dangereuse. Attendons tout du temps. » Fouché demeura surpris de la recommandation et de la confidence ! Comme il estimoit et croyoit Joséphine, *il se le tint pour dit.* Il lui promit de protéger l'imposteur, mais qu'il chercheroit à dévoiler ses ruses.... On ne sait, dit-on, ce que ce jeune homme est devenu, mais ses bienfaiteurs n'auront pu l'ignorer ! ! !

(*Note communiquée.*)

. . . . . Un jeune tambour du régiment de Belgioios est condamné, pour une faute légère, à passer par les baguettes. Au moment où l'on se dispose à exécuter la sentence, il demande instamment à parler à son colonel ; il a, dit-il, un secret de la plus haute importance à lui communiquer. Conduit devant le colonel, il lui déclare qu'il est le Dauphin, fils de Louis XVI : qu'il a jusqu'à ce jour enseveli ce secret dans le silence le plus profond ; qu'il étoit résolu de ne le faire jamais connoître qu'à sa sœur, mais que, près de subir un châtiment honteux, il n'a pu supporter l'idée d'un pareil avilissement ; qu'il conjure le colonel de vérifier toutes les preuves qu'il est prêt à produire, et de suspendre l'exécution de l'affreux châtiment auquel il est condamné.

L'officier également frappé de la bonne mine de ce jeune tambour, de la facilité avec laquelle il s'exprime, de ses manières polies, et de l'accent de vérité qui anime ses

naire dont il les reçoit. La vérité, selon moi, doit paroître au grand jour sans aucune espèce

discours, prend le parti de soumettre cette question inattendue au général en chef, dont le quartier étoit à Turin. Il traite le jeune prince avec des égards particuliers, et le fait partir dans une voiture attelée de quatre chevaux. A Asti, un vieux suisse du château de Versailles, averti par la renommée, se présente devant le fils de son ancien maître, le reconnoît, et se précipite à ses genoux, qu'il baigne de larmes.

Dès que la nouvelle de son arrivée est répandue à Turin, toutes les dames se disputent le plaisir de le voir; il étoit beau, bien fait, spirituel, riche de tous les avantages propres à exciter l'intérêt du beau sexe. On s'empresse de lui demander le récit de ses aventures, qu'il fit en ces termes :

« Lorsque j'étois prisonnier au Temple, on m'avoit comme vous le savez, confié aux soins d'un cordonnier nommé Simon. Cet homme étoit en apparence très-brutal : il me maltraitoit souvent en présence des commissaires de la commune de Paris, pour s'assurer davantage de leur confiance; mais intérieurement il déploroit mon malheur, et me donnoit des preuves fréquentes de la plus tendre affection. Je ne saurois douter qu'il n'eut réellement l'intention de me sauver; malheureusement de grandes difficultés s'opposoient à ce dessein, et la Convention avoit, de son côté, formé la résolution de me perdre. Comme elle n'osoit me faire périr ouvertement, elle donna l'ordre secret à Simon de m'empoisonner. Mon généreux gardien eut horreur de cette proposition. Il se procura le cadavre d'un enfant qu'il mit à ma place, le présenta aux commissaires; et, comme la ressemblance n'étoit pas exacte, il attribua cette différence à l'action violente du poison, qui avoit, disoit-il, dénaturé mes traits. Il me confia en même temps à un ami qui me conduisit d'abord à Bordeaux, et de crainte. Les réticences de Martin me semblent donc condamnables. S'il est réellement

ensuite dans l'île de Corse. Le malheur qui s'attachoit à moi, voulut que mon Mentor mourût. J'eus bientôt dépensé le peu d'argent que j'avois, et, pressé par le besoin, j'entrai chez un limonadier en qualité de garçon. Je savois que ma sœur étoit à Vienne, je ne perdois pas de vue le projet d'aller la rejoindre. Dans ce dessein, je quittai la Corse, et me rendis en Italie, pour passer de là en Allemagne. L'Italie étoit occupée par les Autrichiens. Je tombai dans un parti d'infanterie qui voulut me forcer à m'enrôler. Sur mon refus, on me dépouilla de tout ce que je possédois, et, pour éviter un sort plus malheureux, je m'engageai comme tambour n'ayant guère plus de quatorze ans. Depuis ce temps, j'ai fait mon service avec ponctualité ; la faute pour laquelle j'ai été condamné à une punition humiliante, est la première que j'aie commise. Aujourd'hui que je suis connu, tout mon espoir est dans la protection de l'Empereur. »

Ce récit, fait avec une simplicité noble et touchante, produisit le plus grand effet. Les attentions du général redoublèrent. Diverses personnes qui avoient vécu à la cour, se rappeloient qu'il restoit au Dauphin une cicatrice d'une chute qu'il avoit faite sur un escalier. Le jeune inconnu portoit cette cicatrice. Le public accourut à l'envi lui rendre ses hommages : on ne le traitoit que de *Monseigneur, votre altesse royale*. Le général en chef crut devoir écrire à Vienne, et reçut l'ordre de traduire le prétendu Dauphin devant une cour martiale, de le combler d'égards et d'honneurs s'il disoit la vérité, et de le punir sévèrement s'il n'étoit qu'un imposteur.

Le jeune soldat, effrayé de l'épreuve à laquelle on alloit le soumettre, avoua, dit-on, qu'il étoit le fils d'un horloger de Versailles, et qu'il n'avoit eu recours à ce stratagême que pour se soustraire à la peine cruelle à laquelle inspiré, il ne doit point craindre qu'en annonçant ce qui arrivera, cette publicité soit un

il étoit condamné. Malgré cette enquête, plusieurs personnes s'obstinèrent à voir en lui l'infortuné fils de Louis XVI.

Le conseil de guerre ordonna néanmoins qu'il subiroit sa sentence. Mais, à la sollicitation des dames, on réduisit la peine à un seul tour de baguettes au lieu de trois.

Cet événement, consigné dans quelques journaux, fit beaucoup de bruit; et, quoiqu'il présentât tous les caractères d'un roman, les amis du merveilleux persistèrent dans l'espérance de voir paroître un jour l'héritier légitime de la couronne. On assuroit même qu'au moment où le caporal le dépouilloit de ses habits, le jeune homme s'étoit écrié : *Quel sort pour un Bourbon!*

Cette scène extraordinaire s'étoit passée à Turin. Les journaux étrangers en avoient donné tous les détails, et malgré les soins du Directoire, ces faits n'étoient pas tout-à-fait inconnus en France.

D'un autre côté, quelques habitants des provinces de l'Ouest se flattoient de posséder parmi eux le fils de Louis XVI. On prétendoit l'avoir reconnu dans la personne d'un jeune ouvrier, qui, sous des habits communs, cachoit sa haute et illustre naissance. Ainsi tout se réunissoit pour favoriser l'illusion du peuple, et ce Directoire, autorité tyrannique et ombrageuse, tremblant au bruit d'une feuille agitée par le vent, poursuivoit avec animosité les distributeurs d'une prophétie, où sembloit se rattacher ces divers ouï-dires, et plus il la proscrivoit, plus elle étoit lue avec avidité.

(*Mémoire pour servir à l'histoire.*)

On lit dans une brochure intitulée *la Culbute*, qui n'est autre que des injures rimées, d'autant plus condamnables que celui à qui elles s'adressent (M. de Peyronnet) se empêchement à l'exécution de la volonté de Dieu; les obstacles suscités par les hommes

trouve sous le poids d'une accusation assez grave, la note suivante :

« Depuis les événements de 1814, on n'a pas cessé de parler du fils de Louis XVI; plusieurs versions se sont accréditées sur son compte : le procès de Rouen, la substitution du nommé Bruneau au premier prévenu, la mort de M. Méjean, avocat aux conseils, defenseur de ce dernier; les attestations de ceux qui avoient coopéré à la sortie du Temple de ce fils de Louis XVI, et dont certains vivent encore, qui avoient agi sur un permis du comité de sûreté générale, à l'instigation et par les soins de madame de Beauharnais, depuis impératrice Joséphine; le décès prématuré de cette dernière, ainsi que du médecin Dessault, après sa visite au Temple, et son rapport sur le prisonnier à lui exhibé comme fils de Louis XVI; le testament de Napoléon en faveur de ce véritable fils, fait et déposé au sénat avant son sacre; le procès de Fualdès, qu'on sait avoir été un des seize qui enlevèrent le fils de Louis XVI du Temple; les bruits publics sur la véritable cause de l'assassinat du duc de Berri, mille autres circonstances qu'on pourroit utilement rapprocher, ainsi que le défaut de célébration de l'anniversaire du trépas de ce fils, connu sous le nom de Louis XVII; les détails sur l'exhumation de son prétendu cadavre, par les soins de M. le duc Dacaze, en présence du respectable curé de Sainte-Marguerite; la prompte mort de ce dernier qui en a été la suite; tout cet ensemble, sans nulles autres réflexions, suffit pour justifier tout ce que dit l'auteur sur un sujet qui mérite l'attention particulière des chefs du gouvernement autant que celle de tous les bons Français. »

---

ne font que hâter l'accomplissement des desseins de la Providence. Quant à moi, je me fais un devoir d'apprendre à mes lecteurs tout ce que je sais de positif sur les révélations de Martin ; il est temps de couper le nœud gordien, chacun donnera le degré de croyance qu'il jugera convenable aux faits que je vais rapporter; je ne garantis point leur accomplissement, mais seulement la source d'où je les tire.

Martin, depuis 1816, dit que Louis XVII existe : ce fut là le sujet de sa mission à Louis XVIII. Il lui a dit de rendre le trône à celui à qui il appartenoit de droit. Louis XVII (tou-

Je ne vois dans tout ceci que des probalités. Beaucoup de personnes cependant, se fondant en grande partie sur les révélations de Martin, sont convaincues de l'existence de Louis XVII. Beaucoup d'autres, au contraire, disent que l'existence de ce prince est une chimère, et Martin un homme qui se monte l'imagination, après quoi il fait des rêves qu'il prend pour des révélations. Quant à moi, je pense que pour se prononcer la chose n'est point assez éclaircie. Si plus tard je puis fixer ma croyance, je ferai part à mes lecteurs de ce qui l'aura déterminée. Ami aussi sincère de la vérité, que de la justice et de la liberté, je la publierai hautement, chaque fois que je ne la croirai pas en opposition aux lois et à la tranquilité de ma patrie. E. B.

J'apprends à l'instant, d'une source certaine, qu'on imprime en ce moment en Suisse tout ce qui est relatif à Martin. L'auteur de cette relation ne fera ni addition ni restriction dans cet ouvrage.

jours selon Martin) est d'une piété angélique; le trône lui semble être un pesant fardeau, et il ne l'acceptera que pour remplir la volonté de Dieu. C'est parce que Louis XVIII n'a pas fait ce que lui a dit Martin, relativement à Louis XVII, que Charles X et sa famille ont été chassés de France. Martin continue à avoir des révélations sur Louis XVII. Il persiste dans tout ce qu'il a annoncé de ce prince, et dit qu'il n'est pas en France.

Martin, le 24 juillet, a entendu la voix de l'archange Raphaël qui lui a dit : « La hache est levée, mes vengeances vont commencer... »

Le 1er août, il a vu, en assistant au saint sacrifice de la messe, trois gouttes, de chacune un pied de long et distante d'un pied l'une de l'autre ; l'une rouge, l'autre noire et la troisième blanche; l'explication suivante lui a été donnée. La goutte rouge annonce le sang qui sera répandu; la goutte noire le deuil qui suivra, et la goutte blanche le rétablissement de l'ordre, de la paix et de la prospérité de l'État, et des Bourbons en France.

On lit dans les relations de Martin, Paris, 30 novembre 1830 : « Les puissances étrangères viendront ravager et détruire la nation. Il se fera une guerre cruelle entre les rois eux-mêmes pour diviser et faire le démembrement de la France; et le calme étant un peu revenu, le reste de la nation. . . . .

. . . .

Il a vu une croix bien grande, et à la suite les lettres R. M. P. G. Q. H. L. V. D. Il ne sait pas si tel est le rang qu'elles avoient entre elles, et l'explication de ces lettres ne lui a pas été donnée. Martin a vu et entendu beaucoup d'autres choses, mais encore une fois, pourquoi ne pas publier ses révélations, le temps, dit-il, n'en est pas venu, et cependant il en a fait part à plusieurs personnes, pour qui sans doute l'ange ne lui avoit pas donné d'autorisation particulière.

PRÉDICTIONS DU PRINCE DE HOHENLOHE.

Copie d'un recueil de prophéties, reçu de Bavière, le 18 mars 1828.

1° Il y a peut être trois ans, qu'une religieuse de France a confié au prince de Hohenlohe, qu'elle se sentoit pressée d'annoncer à la France de plus grands maux que n'étoient ceux de la révolution. Je ne me rappelle plus le nom de cette religieuse, ni sa lettre, ni ce qu'elle est devenue.

2° Les journaux français ont publié la guérison miraculeuse de M. C., demeurant à G., qui s'est passée du 2 au 10 février 1821, à M.; M. a écrit le 9 juin 1824. Durant la neuvaine, il a entendu tous les jours une voix qui lui annonçoit sa guérison. Depuis ce moment, cette voix se fait entendre, et se nomme l'ange Raphaël. Si je pouvois savoir sûrement votre adrese, je vous ferois part de ce qu'elle lui dit: j'en suis bien frappée. M. C. est le *Vir simplex, justus et timens Deum* (1). On peut dire que c'est un vrai Israélite, d'une piété douce et droite. A mon instance, M. C. m'a écrit uniquement que de grands maux auroient lieu; mais après cela, il y aura une grande paix sur la terre. Il marque l'an 1840. Selon les révélations en question, je regrette bien de n'avoir pu trouver cette intéressante lettre.

3°. M. B. à F. m'a notifié, par sa lettre du 10 janvier 1826, que sa cousine fut guérie d'une épilepsie, par laquelle elle étoit travaillée depuis un an, dans les derniers mois de 1825, et que des choses extraordinaires se passoient sur elle. M. B. a continué de me donner des notices sur le même objet. Voici le récit qu'il a

(1) L'homme simple, juste et craignant Dieu.

fait dans sa dernière lettre du 15 mars 1827.
« J'ai aussi demandé plusieurs fois à votre
» Altesse qu'elle daignât me donner son avis
» sur une de mes parentes, jeune personne de
» vingt ans, qui a eu le bonheur d'être guérie
» un peu avant moi par le même moyen. Au
» moment de sa guérison, cette jeune per-
» sonne entendit une voix douce et bien dis-
» tincte qui lui annonça qu'elle alloit être guérie,
» et qu'elle iroit à la messe le lendemain; ce
» qui arriva de point en point. Après cela, cette
» voix continua à lui parler très-souvent pen-
» dant trois à quatre mois, ou pour donner
» des leçons à la jenne personne, ou pour
» l'avertir sur ses défauts, quelquefois pour faire
» des prédictions dont l'accomplissement étoit
» prochain, et toujours les choses arrivoient
» comme elle les avoit prédites. D'autres fois
» c'étoient des choses éloignées; puis elle nous
» a prédit qu'en l'an 1840, et déjà même au-
» paravant, il y auroit en France et en plu-
» sieurs autres États de l'Europe, une persé-
» cution plus violente que celle de la révolu-
» tion française; elle révisoit le sort des morts,
» et elle nous en a fait connoître plus de cent.
» On entendoit le son de la voix, mais la jeune
» personne seule la comprenoit. Elle se nom-
» moit l'ange Raphaël, et répondoit à chaque

» question qu'on lui faisoit. Elle parle encore
» quelquefois maintenant à la jeune personne,
» et toujours pour la reprendre ou l'avertir
» quand elle fait mal. Bien d'autres choses ex-
» traordinaires ont eu lieu. Il seroit trop long
» de les rapporter.

La persécution m'a déjà été prédite par une autre personne qui, dans des extases extraordinaires, a appris, comme la précédente, qu'elle auroit lieu pour l'an 1840. Cette personne m'a prédit mille autres choses, dont quelques-unes ont déjà eu lieu comme elles avoient été prédites.

4°. J'ai remis ces trois numéros à un digne ecclésiastique, M. P. de B. Voici ce qu'il m'a répondu le 19 mai 1827 :

« Je suis convaincu que les prophéties s'ac-
» compliront. Il paroît que le Seigneur fait
» annoncer les événements dans divers lieux
» pour soutenir ses enfants dans les combats
» qu'ils auront à soutenir de la part des impies.
» Je connois une maison religieuse de l'ordre de
» Saint-Bernard, où il se trouve une sainte
» professe, à qui Notre Seigneur apparoît très-
» souvent pour lui donner des instructions les
» plus saintes et les plus conformes à la doc-
» trine de l'Église; il lui fait aussi connoître
» les événements auxquels nous touchons de

» très-près ; ils commenceront en France, et » s'étendront ensuite dans les autres royaumes. » La persécution sera violente, les impies au- » ront d'abord des succès ; mais au moment » où ils croiront toucher au renversement de » la Religion, la main du Seigneur s'appesan- » tira sur eux d'une manière si frappante, que » plusieurs se convertiront. Insensiblement la » Religion triomphera, et il s'opérera un re- » nouvellement dans tout l'univers. Jamais il » n'y a eu d'époque aussi belle, aussi conso- » lante que celle qui se prépare. Il est recom- » mandé aux vrais fidèles de mettre toute leur » confiance en Jésus-Christ, et pendant tout » le temps que durera la persécution, de ne » rien craindre ; le Seigneur a pris sa cause en » main, et heureux ceux qui se confieront à » sa protection. Mais ce qui est répété très- » souvent, c'est que la Religion triomphera » dans tout l'univers. Il faut bien prier pour » les pécheurs, et s'adresser pour cela à la » très-sainte Vierge, à saint Michel, à saint » Gabriel, à saint Raphaël, et tous les saints » Anges. » Cette sainte personne a annoncé beaucoup de choses peu éloignées qui sont déjà arivées, et dont j'ai été moi-même témoin. J'ai oublié de vous dire que la personne de ce couvent, qui a des révélations, étoit une pauvre bergère, qui n'avoit jamais rien appris, et qui cependant dicte à la supérieure ce qu'elle a entendu dans ses apparitions avec toute l'exactitude grammaticale, et qui emploie des termes dont elle ne connoît pas la signification, qui sont ceux de la théologie la plus exacte.

5° J'ai remis ces quatre numéros à M. l'abbé V. de B., à......, qui m'a écrit le 14 juin 1827. *Accipe meas reflexiones: Sanctus Joannes à cruce monet* : 1° *Diabolus si sciret aliquando tempus quo Deus revelat piis, de suo falso intermiscet bonis.* 2° *Habui quondam fiam valdè pœnitentem visionibus consolativis gaudentem.* 3° *Maria conservabat omnia illa miranda in corde suo, solummodo iis piis communicans qui vel quæ indè in virtute roborandæ erant, quia Dominus non mandaverat eadem prædicare, sicut mandaverat Noemo* (1).

(1) Recevez mes réflexions. Saint Jean de la Croix donne cet avis : 1° Si le démon connoissoit les époques auxquelles Dieu fait des révélations aux ames pieuses, il mêleroit des choses fausses aux saintes inspirations de la Divinité. 2° J'ai connu autrefois une personne timorée et très-mortifiée, à laquelle Dieu faisoit des révélations fort consolantes. 3° Marie conservoit au fond de son cœur toutes ces merveilles, et n'en faisoit part qu'à ceux ou à celles qui pouvoient, par ce moyen, être raffermis

6°. M. B. à F a écrit le 14 novembre dernier, à son altesse : Votre altesse pourroit encore joindre à ces faits celui-ci :

« Un ancien militaire ayant été témoin » de ce qui se passoit à la guérison de ma cou- » sine R. M., dont je vous ai parlé plusieurs » fois, en fut si frappé, qu'il en devint fervent » comme les premiers chrétiens, et animé » d'une foi aussi vive que l'étoit celle des » martyrs. Depuis lors, il ne cesse de prier; » il a fait les plus grands progrès dans la » perfection ; en sorte que je ne crois pas » qu'il fasse un péché véniel volontaire ; c'est » un de mes oncles. J'ai été le voir exprès pour » être témoin de tout ce qu'on m'en disoit de » bon, et je me suis assuré que l'on ne m'avoit » dit que la vérité. Cet homme entend très- » souvent une voix qui lui parle, l'encourage » au bien, l'approuve quand il le fait, ou le » blâme quand il fait quelques fautes. Cette » voix, interrogée si ce qu'on dit de la révo- » lution annoncée aura lieu, a répondu que

dans la vertu : car le Seigneur ne lui avoit pas enjoint de faire des prédictions menaçantes comme autrefois à Noé.

La personne de qui j'ai reçu ces prédictions, ne me dit pas de qui elle les tient. J'ai lieu de penser qu'elle les a reçues de M. Foster, secrétaire du prince de Hohenlohe.

E. B.

» oui; que la persécution sera violente, qu'il » y aura beaucoup de martyrs, et qu'il le sera » lui-même. Il habite G..., petite ville de la » Lorraine, et porte le même nom que moi. »

7°. Extrait de la lettre que M. P... a écrite le 17 janvier 1828.

« La sainte personne, dont je vous avois parlé dans le temps, a encore annoncé des choses qui doivent nous engager à prier pour les pécheurs. Paris, Genève, Lyon, et quatre autres villes plus petites, seront détruites, et cela arrivera bientôt; Paris ne sera jamais rebâti : cette ville deviendra un désert rempli de précipices. Cette époque peut être retardée par les prières des ames pieuses en faveur des pécheurs, dont un grand nombre se convertira au moment du châtiment, et ce nombre sera d'autant plus considérable qu'on aura fait davantage de prières et de bonnes œuvres pour obtenir leur retour à Dieu. Notre Seigneur lui disoit qu'il lui faisoit connoître ces choses, afin qu'on engageât les ames fidèles à redoubler leurs gémissements et leurs prières pour la conversion des pécheurs, dont le nombre est incompréhensible dans ce malheureux siècle.

Voilà, Monsieur, les prédictions que je puis vous assurer être véritablement venues du prince; mais vous apercevrez facilement qu'elles ne sontpas de lui : elles n'en méritent pas moins notre confiance, après tant de guérisons miraculeuses qui ont été opérées pas ses prières.

. . . .

Deuxième vision prophétique (1).

Le jour des Rois 1820, je pris pour mon sujet d'oraison le bonheur de ceux qui suivent le flambeau de la foi comme les mages avoient suivi l'étoile, et le malheur de ceux qui viventsans foi. Il étoit quatre heures du matin, je ne sais ce que devint mon oraison, ni mes facultés naturelles, je les perdis toutes. Je me trouvai transportée dans un lieu si vaste, qu'il me parut renfermer tout l'univers. Je vis pour la seconde fois ces deux grands arbres dont je vous ai déjà parlé, mais ils me parurent bien plus grands que la première fois; ils avoient des branches d'une étendue immense, mais ces branches étoient penchées vers la terre et paroissoient demi-mortes. Cependant, malgré leur peu de vigueur, ces arbres s'agitoient d'une manière si rapide et si irrégulière qu'ils faisoient trem-

(1) Voir la première vision dans le premier Recueil de prédictions.

bler; ils paroissoient vouloir tout envahir. J'entendis des voix nombreuses qui crioient d'un ton horrible, et dans ce moment je me crus demi-morte. Mais j'eus encore plus grand' peur quand j'entendis bien distinctement par trois fois les mêmes voix qui disoient : NOUS SOMMES VAINQUEURS, NOUS AVONS LA VICTOIRE! Au moment où les voix prononçoient ces paroles, tout d'un coup je vis que le ciel devint une profonde nuit; je n'avois jamais rien vu de si obscur. Cette obscurité fut accompagnée d'un tonnerre, ou plutôt il me sembloit que le tonnerre venoit à la fois des quatre parties de la terre. Il m'est impossible de vous peindre quelle fut ma frayeur : le ciel devint tout en feu, il lançoit de toutes parts des flèches enflammées; il se faisoit un bruit si terrible, qu'il paroissoit annoncer la ruine entière du monde. J'aperçus alors un gros nuage rouge couleur de sang de bœuf; ce nuage rouloit de tous côtés et me donnoit bien de l'inquiétude, ne sachant ce qu'il signifioit. Cependant j'aperçus une multitude d'hommes et de femmes qui avoient des figures à faire peur; ils se livroient à toutes sortes de crimes; ils vomissoient des blasphêmes horribles contre ce qu'il y a de plus sacré au ciel et sur la terre. J'en ressentis une si grande peine, que je l'éprouve encore en vous écrivant ceci ! Ce qui me surprit, ce fut de voir à la tête de ces malheureux quelques-uns de ceux qui par leur état doivent les porter au bien, et qui les poussoient au mal. Il y en a un, que je ne nommerai point, qui subira le même sort que les autres, à cause de sa damnable philosophie; le temps vous dira tout quand ces crimes seront connus et punis. Le tonnerre grondoit toujours dans les airs d'une manière effrayante, lorsque j'entendis une voix qui me dit : Ne crains point; mon courroux tombera sur ceux qui ont allumé ma colère; ils disparoîtront dans un moment. Tout l'univers sera étonné d'apprendre la destruction de la plus belle, de la plus superbe ville ! je dis superbe par ses crimes ! je l'ai en abomination ! Les deux arbres que tu vois, c'est elle qui les a enfantés; leurs branches représentent toutes les nations qu'elle a empoisonnées par sa malheureuse philosophie qui répand partout l'impiété : c'est cette maudite Babylone qui s'est enivrée du sang de mes Saints; elle veut encore le verser, et dans peu celui d'un prince...... Elle mettra le comble à ses terribles forfaits, et moi, je lui ferai boire le vin de ma colère; tous les maux tomberont à la fois sur elle et dans un seul instant. Je n'entendis plus la voix, mais un bruit effroyable; le gros nuage se divisa en quatre parties qui tombèrent à la fois sur la grande ville, et dans un instant elle fut toute en feu. Les flammes qui la dévoroient s'élevèrent dans les airs, et de suite je ne vis plus rien, qu'une vaste terre noire comme du charbon.

Après tout cela, le ciel s'éclaircit, et d'une nuit affreuse, je vis le plus beau jour que j'eusse jamais vu. Un doux printemps se faisoit sentir, et tout paroissoit dans l'ordre le plus parfait. Je vis des personnes de toutes qualités, qui étoient en si grand nombre, que c'étoit comme une fourmilière; je n'ai jamais vu de figures si contentes; elles avoient, je ne sais quoi qui inspiroit la joie; elles se tenoient toutes dans un profond respect et un silence général régnoit, quand j'aperçus une grande place, autour de laquelle toutes ces personnes me parurent réunies. Au milieu de cette place, je vis une tige semblable à une belle pyramide, dont la cîme paroissoit s'élever jusqu'au ciel. Il y avoit d'autres tiges tout autour de celle-là, de distance en distance et comme par étages; elles étoient toutes garnies de feuilles d'un vert velouté et d'un brillant admirable; entre ces feuilles, il y avoit des fleurs, les unes d'un rouge éclatant, les autres d'une blancheur nompareille; tout cela donnoit un coup-d'œil charmant. Sur la cîme de la principale tige étoit un gros globe qui me parut d'un or très-pur, et une colombe blanche comme la neige, voltigeoit dessus. J'admirois tout cela, lorsque j'entendis un chant si mélodieux, qu'il me sembloit venir du ciel et que j'en fus toute ravie; au même instant, j'aperçus une nombreuse procession de tous les ordres religieux et ecclésiastiques, c'est-à-dire, des prêtres, des évêques, des archevêques, des cardinaux, enfin de tous les ordres. De ce nombre, deux surtout fixèrent mon attention; ils avoient l'air tout rempli de l'amour de Dieu. Il y en avoit un, dont je ne connoissois pas le costume; l'autre étoit à côté de lui dans une posture respectueuse, c'est-à-dire à genoux. Dans ce moment je vis la colombe, qui étoit sur la cîme de la tige, venir se reposer sur la tête de celui dont le costume m'étoit inconnu (le Pape), lequel mit la main sur la tête de celui qui étoit à genoux (le grand monarque), et alors la colombe vint aussi se reposer sur la tête de celui-ci, puis retourna sur l'autre; tout le clergé, chacun selon son rang, entourant la personne sacrée du pontife; les principaux l'approchoient de plus près.

La tige, en forme de pyramide, présentoit

quatre portes principales à ses quatres façades. Le chant continuoit toujours; il s'y mêloit des cris d'allégresse, mais sans confusion; ils disoient : *Gloire à Dieu dans les cieux, et paix sur la terre! Vive la Religion dans tous les cœurs! vive le Pape! vive le grand monarque, le soutien de la Religion!*

Ensuite la procession s'avança vers les portes du midi et du couchant, et sortit par les portes du levant et du nord, continuant de faire entendre le chant le plus mélodieux. Dans cette multitude sans nombre, il y avoit des personnes de plusieurs royaumes, mais elles n'avoient toutes qu'un cœur, un même esprit, et une même volonté.

Pleine d'admiration à ce spectacle ravissant, je m'écriai : *Mon Dieu, quand viendront ces heureux jours?* J'entendis une voix qui me dit d'un ton plein de bonté : *Console-toi, ils arriveront quand mes volontés seront accomplies!......* Je ne vis plus rien que ma chambre, il étoit six heures.

Nota. Les personnes qui cherchent à étudier Martin et ses prédictions, peuvent consulter la *Vie du Dauphin, père de Louis XV*; elles y remarqueront le passage relatif à un habitant de la ville de Sallon. Cet homme fut envoyé à Louis XIV à peu près de la même manière que Martin à Louis XVIII. Il y a un rapprochement assez intéressant à faire entre ces deux hommes. E. B.

LIBRAIRIE CATHOLIQUE

D'ÉDOUARD BRICON.

Paris, Imprimerie de Béthune, rue Palatine, n. 5.

www.ingramcontent.com/pod-product-compliance
Lightning Source LLC
LaVergne TN
LVHW020038170826
845678LV00001B/315

* 9 7 8 2 3 2 9 6 9 2 5 1 7 *